Bibliografische Information der Deutschen Nationalbibliothek:

Die Deutsche Bibliothek verzeichnet diese Publikation in der Deutschen National-
bibliografie; detaillierte bibliografische Daten sind im Internet über http://dnb.d-
nb.de/ abrufbar.

Impressum:

Copyright © 2014 GRIN Verlag, Open Publishing GmbH
Druck und Bindung: Books on Demand GmbH, Norderstedt Germany
ISBN: 978-3-668-02945-3

Dieses Buch bei GRIN:

http://www.grin.com/de/e-book/304602/igos-als-akteure-der-globalisierung-im-
hinblick-auf-den-iwf

Daniel Horway

IGOs als Akteure der Globalisierung im Hinblick auf den IWF

GRIN Verlag

Bayrische Julius Maximilians Universität Würzburg
Institut für Geographie
Seminar: Geographien der Globalisierung

Sommersemester 2014
11. Juni 2014

IGOs als Akteure der Globalisierung im Hinblick auf den IWF

Daniel Horway

Gymnasiallehramt Geographie/Englisch

1. Globalisierung ein unscharfes Konzept

Als Ausgangspunkt dieser Ausarbeitung dient die Annahme, dass „Die Globalisierung" weder als Prozess noch als Zustand hinreichend beschrieben werden kann. Grund dafür ist die schiere Komplexität und das Unvermögen eindeutige Grenzen oder gar Definitionen zu formulieren. Diese mangelnde Trennschärfe scheint jedoch den Kern der Globalisierungsidee zu kennzeichnen. Taylor, Watts und Johnston sprechen von einem „fließenden, flexiblen Konzept" (TAYLOR 2002: 2), dass von der Vernetzung der Auslöser, Triebkräfte und Teilnehmern sowie der Ausweitung auf „nahezu alle Bereiche des modernen Lebens" (TAYLOR 2002: 1) lebt. Um das Phänomen dennoch beschreiben zu können, müssen die einzelnen Bauteile gesondert analysiert werden. Zu diesem Zweck wird im Folgenden lediglich ein Aspekt herausgegriffen und näher ausgeführt. Ziel dieser Arbeit ist es einen Akteur der Globalisierung, sogenannte „Intergovernmental Organizations" (IGOs) zu untersuchen und deren Beitrag zum Gesamtkonzept der Globalisierung zu beschreiben. Zu diesem Zweck sollen zunächst die Rolle und Bedeutung von IGOs im internationalen Kontext und deren Einflussbereiche beschrieben werden. Worin liegen beispielsweise die Existenzberechtigung und der Vorteil von IGOs und wie wichtig sind sie dadurch auf globaler Ebene? Im Fokus der Analyse steht der Internationale Währungsfond (IWF) als eine der wichtigsten zwischenstaatlichen Organisationen. In diesem Zusammenhang werden Fragen nach Gerechtigkeit und globaler Machtausübung behandelt. Wie valide ist beispielsweise die Agenda des IWF und wie hoch ist das Reformbedürfnis seiner Mittel und Strategien? Außerdem dient der IWF dazu, die grundlegenden Vorgehensweisen, Organisationsformen und vor allem Probleme vieler IGOs aufzuzeigen wobei an dieser Stelle bereits vorweggenommen werden muss, dass die exemplarische Funktion und somit eine Generalisierung der Charakteristika des IWF nur bedingt möglich ist.

2. Akteure der Globalisierung

Zunächst jedoch geht es in der Betrachtung wieder einen Schritt zurück, von der Ebene der zwischenstaatlichen Organisationen auf die Ebene der Akteure ganz allgemein. Es stellt sich die Frage, welche Teilnehmer am Globalisierungsgeschehen den größten Einfluss haben oder von den Auswirkungen des Geschehens besonders betroffen sind? Prinzipiell lassen sich so drei wichtige Akteure unterscheiden.

Den offensichtlichsten Akteur bilden die Nationalstaaten, sie sind fixe Orte der Globalisierung, sie beherbergen die Orte an denen internationale Organisationen oder international tätige Firmen beheimatet sind. Des Weiteren markieren sie die Grenzen über welche der globale Handel läuft und bestimmen die Rahmenbedingungen innerhalb dieser Grenzen. Das garantiert den Nationalstaaten einerseits ein hohes Maß an regulierender und vor allem regierender Gewalt, der Staat repräsentiert im Normalfall die volle Legislative, Exekutive und Judikative eines Landes, wenn auch nicht immer in dieser klaren Trennung. Andererseits endet dessen Einflussbereich und so auch dessen direkte Machtausübung an den jeweiligen Landesgrenzen. Der spanische Soziologe Manuell Castells bezeichnet sie daher als „spaces of places", fixe Orte die durch ihre feste Verankerung im Raum charakterisiert sind. Somit ist der Nationalstaat einerseits ein wichtiger Regulator, andererseits ein unflexibler, räumlich gebundener Akteur innerhalb der Globalisierung.

Das Gegenteil ist bei transnationalen Unternehmen der Fall. Sie sind in ihrer Rolle als Akteur durch eine vergleichsweise geringe regulative Funktion, gleichzeitig aber durch eine hohe globale Flexibilität gekennzeichnet. Wo Nationalstaaten räumlich fixiert sind, können „transnational companies" (TNCs) auf globaler Ebene agieren. Castell bezeichnet sie daher als „spaces of flows", als Orte der Verbindung und Vernetzung im Raum. TNCs sind weltweit flexibel, sie sind in der Lage globale Wertschöpfungsketten zu spannen und die regionalen Vorteile zu nutzen um beispielsweise Handelshemmnisse zu umgehen. In den jeweiligen Ländern sind sie wiederum an die dortigen Gesetze und Auflagen gebunden, die durch die jeweiligen Nationalstaaten diktiert werden. TNCs müssen sich in der Regel der regulierenden Macht der Nationalstaaten unterordnen. Zusammengefasst sind die Verbindungen und Netzwerke transnationaler Unternehmen also auf die Nationalstaaten als fixe Orte angewiesen um ihre Niederlassungen und Knotenpunkte zu errichten. Gleichzeitig sind Staaten und Städte auf die ansässigen Unternehmen und deren Beitrag zur Volkswirtschaft des Landes angewiesen. Folglich besteht ein Abhängigkeitsverhältnis zwischen den „spaces of flows" und den „spaces of places", die untrennbar miteinander verwoben sind.

An diesem Punkt kommen nun die IGOs ins Spiel. In ihrer Rolle als interstaatliche Organisationen verbinden sie die Vorteile beider bereits benannten Akteure. Ähnlich wie ein TNCs sind IGOs zwar durch den Standort ihres Headquarters in einem Staat beheimatet, ihr Einflussbereich erstreckt sich jedoch über alle Mitgliedstaaten. Im Falle der United Nations Organization (UNO) mit ihren aktuell 193 Mitgliedsstaaten (UN.ORG) beispielsweise kann dieser Einflussbereich ohne weiteres als weltweit bezeichnet werden. Gleichzeitig besitzen IGOs eine ähnlich hohe regulierende Funktion wie Nationalstaaten, die aus ihrer Gründung und Zusammensetzung resultiert. Generell ist eine solche zwischenstaatliche Organisation ein völkerrechtlicher Zusammenschluss von zwei oder mehr souveränen Staaten die gemeinsam ein völkerrechtliches Subjekt im Range einer Nation bilden (ERMRICH 2002: 59). Aus diesem Grund sind die ihnen betrauten Aufgaben von nationaler und transnationaler Tragweite, wodurch IGOs als regierendes Organ angesehen werden können. So besitzt die Europäische Union (EU) beispielsweise eine Legislative ähnlich einem Nationalstaat. Ein Großteil der in Deutschland verabschiedeten Gesetze beispielsweise wird mittlerweile vom Europaparlament bestimmt. Ein Beispiel für eine exekutiv arbeitende IGO ist die Internationale Kriminalpolizeiliche Organisation Interpol, und auf judikativer Ebene wäre der Internationale Gerichtshof (ICC) zu nennen. Außerdem verwalten zwischenstaatliche Organisationen einen Großteil des Kapitals weltweit und die Kreditvergabe von IGOs wie dem IWF oder der Weltbank sind bei weitem größer ist als die von Nationalstaaten was dazu führte, dass der Trend hin zu multilateralen Schulden seit den neunziger Jahren kontinuierlich gestiegen ist (ERMRICH 2002: 59) Genau diese Kombination aus regierender Macht, Kapitalstärke und Flexibilität machen IGOs wohl zum wichtigsten Akteur im Globalisierungsgeschehen.

2.1. Die Rolle von IGOs im „Global Governance"

Aus dem eben geschilderten Machtpotential und dem Vorteil gegenüber anderen Akteuren der Globalisierung wird die Aufgabe, das globale Geschehen zu regulieren heutzutage größtenteils von IGOs bewältigt. Vor allem seit Ende des zweiten Weltkriegs erfolgte eine Umorientierung von staatlicher hin zu zwischenstaatlicher Regulation mit dem Ergebnis, dass internationale Organisationen aus dem „Global Governance" aktuell nicht mehr wegzudenken sind. Für diese Entwicklung werden grundsätzlich zwei Faktoren verantwortlich gemacht. (1) „Märkte regulieren sich selbst oft nur unzureichend" (STIEGLITZ 2002: 256) und noch vor fünfzig Jahren oblag es dem Staat etwaige Konjunkturschwankungen auszugleichen und regulierend in den Markt einzugreifen. Mit zunehmender Vernetzung einzelner Märkte hin zu einem „globalen Markt" und der Internationalisierung des Kapitals, sind einzelne Staaten dazu nur noch bedingt in der Lage. Folglich wurde diese Aufgabe zu großen Teilen von IGOs übernommen. (2) Ein weiterer Schritt auf dem Weg von staatlicher Führung hin zum „Global Governance" wurde durch geopolitische Veränderungen herbeigeführt. Besonders die Loslösung ehemaliger Kolonien von ihren jeweiligen Kolonialmächten hat das Spektrum der Teilnehmer an der Globalisierung beträchtlich erhöht. Selbiges gilt für den Zusammenbruch und die Aufspaltung vieler sozialistischer Regime ab 1989 (ROBERTS 1995: 145). Beide Faktoren bedingten die sukzessive Bedeutungssteigerung von IGOs im globalen Kontext und eine Regulation „von oben", also eine Regulation auf überstaatlicher Ebene (ROBERTS 1995: 145).

2.2. Die Säulen der Globalisierung

Geht man nun davon aus, dass IGOs den Prozess der Globalisierung moderieren um die globale Stabilität zu wahren (STIEGLITZ 2002: 24), so müssten alle Bereiche, die globales Handeln erfordern durch IGOs reguliert werden. Bei weltweit lediglich 250 IGOs scheint diese Forderung jedoch weitgegriffen und utopisch. Wie bereits beschrieben handelt es sich bei der Globalisierung außerdem und ein unscharfes, schwer zu fassendes Konzept. Dennoch stellt sich Frage, wie stabilisiert man ein System, das weder klar eingegrenzt noch klar definiert werden kann? Wonach also streben IGOs wenn sie von globaler Stabilität reden? Grundlegend geht man von der Annahme aus, dass eine stabile Welt auf stabilen Säulen stehen muss. Eben diese Säulen bilden die Betätigungsfelder einzelner IGOs. So wird die weltweite politische Sicherheit beispielsweise von IGOs wie den Vereinten Nationen (UNO) gewährleistet. Die wirtschaftliche Stabilität wird von internationalen Finanzinstitutionen wie der Weltbank oder dem IWF überwacht (STIEGLITZ 2002: 257). Weitere Organisationen wie die Welthandelsorganisation (engl. WTO) regulieren die Rahmenbedingungen des globalen Handels. Doch auch die weltweite Gesundheitsversorgung zählt zu den Voraussetzungen für eine globale Stabilität. Die WHO kämpft für die Eindämmung und Ausrottung von Krankheiten wie AIDS oder dem Pockenvirus sowie die medizinische Aufklärung. Eng damit verbunden ist auch die Verbreitung von Wissen als „globales öffentliches Gut" (STIEGLITZ 2002: 257) mit dem Grundgedanken die Erkenntnisse aus Forschung und Entwicklung einiger weniger für die gesamte Menschheit zur Verfügung zu stellen. Eine weitere Säule, die durch globales Handeln gestützt werden muss, ist die Umweltproblematik, besonders im Hinblick auf den Klimawandel. Wenn die Handlungen einzelner Nationen oder Unternehmen Auswirkungen für alle haben, müssen zwischenstaatliche Organisationen und internationale Verträge die Teilnehmer schützen, die unverschuldet ebene diesen Auswirkungen ausgesetzt werden. (STIEGLITZ 2002: 257). Der globale Klimawandel ist hierfür das beste Beispiel; maßgeblich vorangetrieben durch produktive Nationen und Konzerne, sind die Auswirkungen weltweit zu beobachten und besonders in jenen Teilen der Erde von verheerendem Ausmaß, deren Beitrag zum Klimawandel oft nur gering ist.

Zusammenfassend lässt sich feststellen, dass die globale Stabilität aus all jenen Bereichen besteht, deren Wirkung und Auswirkung nicht an Ländergrenzen Halt macht (STIEGLITZ 2002: 257). Dazu zählen neben Umwelt- und Rohstoffproblemen, Krankheiten und Wissen ebenso wie wirtschaftliche und politische Faktoren. Denn selbst räumlich begrenzte politische Unruhen können schnell über die Landesgrenzen schwappen und zu größeren Konflikten heranwachsen. Deutlich wird dieser Umstand auch bei wirtschaftlichen Krisen, die mit der Insolvenz einzelner Unternehmen oder Branchen beginnen und sich zu ganzen Weltwirtschaftskrisen ausweiten können. In einer vernetzten Welt mit freiem Handel und ineinander verwobenen politischen und wirtschaftlichen Beziehungen können sich negative Auswirkungen auf denselben Wegen ebenso leicht verbreiten wie positive. Aus diesem Grund ist die regulative Funktion von IGOs essentiell um die Säulen der globalen Stabilität zu stützen und das System Globalisierung aufrecht zu erhalten.

2.3. Diversität von IGOs in Zusammensetzung und Zielvorstellungen

Die machtvolle Position, die IGOs durch ihre Organisationsform innehaben wurde nicht nur dazu genutzt globale Stabilität zu gewährleisten. Neben Organisationen wie der UNO oder der Weltbank ist ein Großteil von IGOs aus unterschiedlichsten Motiven gegründet worden. Zwar sind Organisationen wie die EU durchaus an Stabilität und dem Wohlergehen ihrer Mitgliedstaaten interessiert, im Gegensatz zur UNO, die nahezu alle Nationen der Erde vertritt, ist die Aufnahme in der EU aber nur wenigen gestattet. Im Falle der EU ist der entscheidende Faktor die geographische Nähe auf dem europäischen Kontinent. Auf ähnliche Weise bauen auch das „North American Free Trade Agreement" (NAFTA) oder die Arabische Liga auf die Verstärkung nachbarschaftlicher Beziehungen unter ihren Mitgliedstaaten. Diese Art von Zusammenschlüssen ermöglicht eine Reduzierung von Handelsbarrieren und anderen wirtschaftlichen Hemmnissen untereinander. Dadurch erhält die Region, die durch den Zusammenschluss abgedeckt wird global gesehen einen Vorteil gegenüber allen anderen Nationen, die nicht Teil eben dieser Organisation sind. Aus diesem Grund sind IGOs ähnlich der EU nahezu jedem Kontinent zu finden. Das unterscheidet solche IGOs grundlegend von Organisationen wie der „Organization of Petrol Exporting Countries" (OPEC), deren Mitgliedstaaten vereinzelt über den ganzen Globus verstreut sind und für die räumliche Nähe keine Rolle spielt. Das entscheidende Ausschlusskriterium ist hier nicht räumlicher Natur sondern hängt maßgeblich von der Art der Rohstoffvorkommen des Landes ab. Erst die Grünung der OPEC hat die erdölexportierende Nation befähigt den Ölpreis und die Fördermengen zu kontrollieren und ihre Stellung gegenüber den erdölimportierenden Nationen gestärkt. Auch der „British Commomwealth" beispielsweise baut nicht auf räumliche Nähe sondern besteht aus historisch-kulturellen Gründen. Anstatt seine Mitglieder durch Handelsabkommen oder Friedenverträge zu binden steht die interkulturelle Kommunikation im Vordergrund.

Die zwei einfachsten Kriterien der Kategorisierung von IGOs sind also einerseits die räumliche Lage der Mitgliedsstaaten zu einander und der Zweck des Zusammenschlusses andererseits. Das Ergebnis liefert eine Vielzahl von IGOs unterschiedlichster Zusammensetzung und

Zielsetzungen. Dieser Umstand macht es unmöglich internationale zwischenstaatliche Organisationen allgemein zu analysieren, besonders im Hinblick auf die Strategien und die Agenda eines IGOs. Aus diesem Grund werden sich die folgenden Abschnitte mit den Zielsetzungen und der Vorgehensweise lediglich einer Organisation, dem IWF befassen.

3. Der Internationale Währungsfonds (IWF)

3.1. Gründungsmotive

Neben der Weltbank und diversen Entwicklungsbanken ist der IWF der wichtigste Akteur auf dem globalen Finanzmarkt. Seit seiner Gründung „auf der Internationalen Währungs- und Finanzkonferenz der Vereinten Nationen in Bretton Woods, New Hampshire, im Juli 1944" (STIEGLITZ 2002: 25), ist er mit der Aufgabe betraut die Stabilität der globalen Finanzmärkte zu sichern. Diese Zielsetzung ist bis heute im Grunde unverändert geblieben. Jedoch hat sich die Vorstellung von finanzieller Stabilität und wie diese zu erreichen ist im Laufe der Zeit stark verändert. Um das zu verstehen muss man zunächst einen Blick auf die Gründungsbedingungen des IWFs werfen. Unmittelbar nach Ende des zweiten Weltkriegs stand der Wiederaufbau im Mittelpunkt. Die finanzielle Stabilität sollte durch die Einführung einer neuen Währungsordnung und eines internationalen Kreditsystems wieder hergestellt werden (MURRAY 2006: 309). Dieses neues Währungssystem, dass den unflexiblen Goldstandart ersetzte, wurde vom IWF überwacht. Gegenüber dem Goldstandart war das neue System nicht mehr an Umtauschbeschränkungen und Währungsrestriktionen gebunden, was den freien Verkehr von Gütern und Dienstleistungen erleichterte (MURRAY 2006: 309). Durch diesen Schritt auf der Leiter der Globalisierung wurde der vergleichsweise rasche Wiederaufbau erst ermöglicht und die finanzielle Stabilität wieder hergestellt. Diese Idealvorstellung von wirtschaftlicher Stabilität beruhte auf der Annahme, dass Stabilität gleichbedeutend sei mit Wachstum. Eine wachsende Volkswirtschaft wiederum geht einher mit Wohlstand, was wiederum das zweite große Ziel des IWF verkörpert, die Armutsbekämpfung („Poversty Reduction").

Neben dem Wiederaufbau wurden die frühen Ziele des IWF vor allem durch die Große Depression der dreißiger Jahre geprägt. Aus dem Motiv heraus künftige Weltwirtschaftskrisen zu verhindern wurde der IWF damit beauftragt seine Mitgliedstaaten vor selbstverschuldeten Rezessionen zu bewahren und damit die Gesamtnachfrage der Weltwirtschaft aufrecht zu halten. (STIEGLITZ 2002: 26). Dies geschah durch internationalen Druck auf die betreffenden Länder oder durch Kreditvergabe um die Wirtschaft des betreffenden Landes wieder anzukurbeln (STIEGLITZ 2002: 26).

Die anfängliche Zielsetzung des IWF beruht folglich auf der Annahme, dass Märkte sich nur unzureichend selbst regulieren und deshalb von Institutionen wie dem IWF in die richtigen Bahnen gelenkt werden müssen. Aktuell vertritt der IWF jedoch die gegenteilige Meinung; er fördert die Deregulierung und die Unabhängigkeit des Marktes und predigt die Überlegenheit des freien Marktes (STIEGLITZ 2002: 27). Auch die Überwachungsfunktion über rezessionsgefährdete Länder hat sich im Laufe der Zeit stark verändert. Das Ausmaß und die Häufigkeit von Liquiditätskrediten ist gesunken, der IWF tritt nicht mehr eigenständig an Staaten heran um Präventivmaßnahmen vorzuschlagen und vor einem möglichen Abschwung zu warnen. Viel mehr sind es nun die Staaten die sich im Falle von bereits eingetretenen Liquiditäts- oder Konjunkturproblemen an den IWF wenden und postwendend um Kredite bitten. Die ursprüngliche Präventionsfunktion ist folglich verloren gegangen, das grundlegende Ziel der weltwirtschaftlichen Stabilität jedoch bleibt unverändert. Konkret kann man sagen, dass sich sowohl Ideologie und die angewandten Strategien des IWF grundlegend verändert haben und trotzdem dasselbe Ziel verfolgt wird. Selbstverständlich handelt es sich hierbei um einen graduellen Prozess, ein Paradigmenwechsel der sich auf Grund äußerer globalpolitischer Einflüsse über Jahre hinweg entwickelt hat. Dennoch stellt sich die Frage, ob eine solch radikale Kehrtwende notwendig oder gar sinnvoll war wenn doch die eigentlichen Ziele unverändert blieben – Eine Bewertung dieser Entwicklung folgt in Kapitel 4.

3.2. Die Agenda des IWF

Betrachtet man die Politik des IWF nach dieser Wende, so liegt das Hauptaugenmerk auf der finanziellen Unterstützung von rezessionsgefährdeten Ländern in Form von Krediten. Um sich für einen solchen Kredit zu qualifizieren muss man zunächst eines der 188 Mitgliedstaaten des IWF sein. Außerdem ist die Kreditwürdigkeit an bestimmte Auflagen gebunden, die vom IWF festgelegt und überprüft werden. Sinn und Zweck dieser Auflagen ist sicherzustellen, dass das Schuldner Land auch in der Lage ist den vom IWF ausgegebenen Kredit zurückzuzahlen. Die Kreditbedingungen müssen also gewährleisten, dass die kreditnehmende Nation ökonomisch mit den Geldern wirtschaftet und dadurch langfristig einen finanziellen Überschuss erzielt um den Kredit und die anfallenden Zinsen zurückzahlen zu können. Die Auflagen, auch Leistungskriterien genannt, stellen deshalb sicher, dass der Kredit auch dafür verwendet wird, nachhaltige strukturelle Anpassungsmaßnahmen durchzuführen. Ohne die Auflagen bestünde die Gefahr, dass diese Maßnahmen aufgeschoben werden, da „die IWF-Devisen den unmittelbaren Anpassungsdruck reduzieren" (DREHER 2003: 11). Seit 1986 werden diese Auflagen in sogenannten Strukturanpassungskrediten zusammengefasst, die Teil eines großen, vom IWF diktierten Strukturanpassungsprogramms (SAP) sind, dass den Schuldner vorschreibt wie sie mit dem zur Verfügung gestellten Geldern zu wirtschaften haben. Zusammenfassend dienen all diese Auflagen ebenfalls dem Zweck dem kreditnehmenden Land mittelfristig wieder zu einer „tragfähigen Bilanzierungsposition" (MURRAY 2006: 319) zu verhelfen.

3.3.Strukturanpassungsprogramme (SAPs)

Ein näherer Blick auf die wirtschaftspolitischen Auflagen der SAPs macht deutlich, dass sie im Gegensatz du den Leistungskriterien eher mikroökonomischer Natur sind und einen erheblichen Eingriff in die wirtschaftliche Struktur eines Landes bedeuten. Nach Meinung des IWF kann nachhaltiges Wachstum nur dann gewährleistet werden, wenn die strukturellen Probleme eines Landes von Grund auf behoben werden. SAPs greifen deshalb nicht nur in die wirtschaftlichen Strukturen und die Rahmenbedingungen des Marktes ein, sondern vor allem in die Fiskalpolitik. Außerdem hat sich die Agenda dahingehend gewandelt, dass nunmehr nicht nur Programmziele vorgeschrieben werden, sondern spezifische Angaben zum Instrumenteneinsatz gemacht werden. Konkret bedeutet das, dass der IWF nicht mehr nur die zu erreichenden Ziele festlegt sondern ebenfalls das Instrumentarium bestimmt mit dem diese Ziele erreicht werden müssen (DREHER 2003: 12). Zudem unterscheiden sich Ziele und Instrumente in verschiedenen Programmländern. Die kreditnehmenden Entwicklungsländer haben ihre Forderung für eine Gleichberechtigung von Entwicklungsländern und Industrienationen bei der Festlegung der Auflagen bis heute nicht durchsetzen können. Die Vergabe von Strukturanpassungskrediten an Entwicklungsländern ist immer noch an striktere und umfangreichere Bedingungen geknüpft. Diese Unterschiede in der Konditionalität sollen die Reformanstrengungen eines Entwicklungslandes um sich für einen Kredit zu qualifizieren.

3.3.1. Konditionalität von SAPs

Die erhöhten Reformanstrengungen rechtfertigt der IWF auf folgende Weise; Im Falle von Entwicklungsländern besteht eine hohe Diskrepanz zwischen der höhe der Kredite und der Höhe der gezahlten „Mitgliedsbeiträgen" (sog. Quoten) des jeweiligen Landes an den IWF. Der Umfang der SAP-Auflagen steigt also immer dann, wenn „ein Land relativ zu seiner Quote hohe Kredite aufnimmt" (DREHER 2003: 28). Einen weiteren Grund liefert die sogenannte Public-Choice Theorie. Sie besagt im Grunde, dass der Umfang der Auflagen vom Machtverhältnis zwischen Kreditgeber und Kreditnehmer abhängt. Demnach sind rezessive Entwicklungsländer, die auf den Kredit angewiesen sind eher dazu bereit strikten

Anforderungen zuzustimmen als Industrienationen die womöglich auf andere Finanzierungsmöglichkeiten zurückgreifen können (DREHER 2003: 29). Außerdem sind die strukturellen Probleme in Entwicklungsländern zumeist gravierender als die der entwickelten Länder, so der IWF. Aus diesem Grund sei es nur logisch von ersteren größere Reformanstrengungen zu verlangen. Bei beiden jedoch stellt sich die Frage ob die Konditionalität außerdem vom Konjunkturzyklus abhängig ist? Logischer Weise wäre anzunehmen, dass die Auflagen in Zeiten der Rezession geringer sind und die Kredite in einer Boomphase nur zu entsprechend stringenten Bedingungen vergeben werden (DREHER 2003: 29). Somit wäre sichergestellt, dass trotz relativ strikter Auflagen in jeder Konjunkturphase ein expansiver Effekt erzielt würde (CORNELIUS 1987: 217). Tatsächlich jedoch ist das Gegenteil der Fall. Die Stringenz der Auflagen nimmt in Rezessionsphasen zu und während einem Konjunkturhoch wieder ab (DREHER 2003: 29), wodurch der expansive Effekt für den Kreditnehmer verloren geht. Aus welchem Grund verfolgt der IWF eine solch prozyklische Politik? Die Antwort auf diese Frage kann wieder mit Hilfe der Public-Choice Theorie erläutert werden; Eine Rezession schwächt zunächst die Verhandlungsposition eines kreditnehmenden Landes in zweierlei Hinsicht. Zum einen wird ein höherer Kredit benötigt um einen Konjunkturaufschwung zu erreichen als während einer Boomphase. Dadurch steigt wiederum die Diskrepanz zwischen Quote und Kredithöhe. Zum anderen steigt die Dringlichkeit, da das jeweilige Land während einer Rezession stärker auf einen Kredit angewiesen ist als während eines Konjunkturhochs. Folglich verschiebt sich das Machtverhältnis in der Rezession zu Gunsten des Fonds was ihm erlaubt stringentere Forderungen durchzusetzen. Umgekehrt kann der IWF Ländern in einer Aufschwung Phase nur geringe Konditionen vorschreiben (DREHER 2003: 29). Weshalb jedoch sollte sich eine Nation, die sich in einer Phase wirtschaftlichen Aufschwungs befindet, den Auflagen des IWFs unterordnen? Vielmehr sind es die krisenbehafteten Länder, die auf die Kredite des IWFs angewiesen sind und sich den stringenteren Bedingungen während der Rezession beugen müssen. Eine Bewertung dieser machtpolitischen Instrumente soll auch an dieser Stelle ausbleiben und folgt in Kapitel 4.

3.3.2. Die konkrete Auflagenpolitik von SAPs

Bis zu diesem Punkt war die Rede von stringenten und weniger stringenten Auflagen und der Bedeutung der Auflagen für den IWF und die Schuldner Länder im Allgemeinen. Dieser Abschnitt untersucht die Auflagen nun im Speziellen. Welche Bedingungen müssen die

Kreditnehmer nun im Konkreten erfüllen? Welchen Zweck haben diese Auflagen und wie wirken sich diese auf die wirtschaftliche und sozialpolitische Situation des Landes aus? Im vorangegangenen Abschnitt wurde festgestellt, dass sich die an Entwicklungsländer gestellten Bedingungen grundlegend von denen an entwickelte Länder gestellten unterscheiden. Die Vergabe von Krediten an Industrienationen wie Griechenland oder Irland beispielsweise ist an weniger umfangreiche Bedingungen geknüpft wie eine Kreditvergabe an die Philippinen oder Somalia. Laut IWF ist jedes SAP individuell auf die strukturellen Probleme eines jeweiligen Landes zugeschnitten. So unterscheiden sich zwar die Programme für Entwicklungs- und Industrienationen, der Unterschied zwischen den Programmen einzelner Entwicklungsländer jedoch ist verschwindend gering. Die an den Kredit geknüpfte Auflagen werden laut IWF zwar von einem IWF internen Team, der sogenannte „Mission", nach einer dreiwöchigen Besichtigung des Landes individuell ausgearbeitet (DREHER 2003: 8), das Ergebnis bleibt dennoch meist dasselbe. Im Endeffekt kann die Essenz eines jeden SAPs deshalb durch vier grundlegende Elemente zusammengefasst werden; Sparmaßnahmen, Privatisierung, Deregulierung sowie Globalisierungsmaßnahmen (MURRAY 2006: 286), alle vier mit dem Ziel, das Programmland wieder in eine tragfähige Bilanzierungsposition zu manövrieren.

Die Sparmaßnahmen zählen hierbei zu den fiskalpolitischen Mitteln und beziehen sich hauptsächlich auf die staatlichen Ausgaben im Bildungs- und Gesundheitswesen so wie in der öffentlichen Infrastruktur (MURRAY 2006: 286). Dieser Punkt umfasst außerdem eine Senkung der Steuern, insbesondere im gewerblichen Sektor um wiederum Investitionsanreize zu schaffen, mit dem Endergebnis die Konjunktur mittelfristig wieder anzukurbeln.

Im Zuge der Privatisierung sollen ineffizient arbeitende, staatliche Unternehmen an (meist ausländische) Investoren verkauft werden. Dadurch kommen dem Staat einerseits die Verkaufserlöse zu gute und andererseits fällt die zusätzliche finanzielle Belastung weg. Die verkauften staatlichen Unternehmen ihrerseits werden unter der neuen, profitorientierten Führung wieder effizienter gestaltet, was im Endeffekt der Infrastruktur des kreditnehmenden Landes zugute kommt (MURRAY 2006: S. 286). Laut IWF gibt es keinen Bereich innerhalb einer Volkswirtschaft, der nicht privatisiert werden könnte oder sollte. Sicherlich sind die Strom- und Wasserversorgen einer Nation besser für die Privatisierung geeignet als beispielsweise das Bildungssystem, was aber nicht bedeutet, dass nicht auch dieses privatisiert werden sollte (OPITZ 2007).

Das dritte Standbein der SAPs ist die Deregulierung staatlicher Einflüsse auf den Markt. Frei nach dem Minimalstaatprinzip zielen viele Auflagen der SPAs auf einen Rückzug des Staates aus den wirtschaftlichen Prozessen des Landes ab. Dieser Rückzug erstreckt sich ebenfalls auf die Regionalpolitik und die Subventionen für alle Wirtschafszweige (MURRAY 2006: 286). Der regulierende Einfluss des Staates soll auf ein Minimum verringert werden, damit der Markt sein Optimum selbst bestimmen kann (MURRAY 2006: 286). Dadurch würde beispielsweise eine ursprünglich soziale Marktwirtschaft wie sie in Deutschland vorherrscht in eine freie Marktwirtschaft umgewandelt werden, mit all ihren Konsequenzen. Der IWF strebt die Schaffung eines freien Marktes an, der auf lange Sicht hohe Profite durch kapitalistisches Wirtschaften hervorbringt, welche letztendlich indirekt dem Staat zugutekommen sollen. Dieser Punkt macht den bereits erwähnten ideologischen Wandel des IWF besonders deutlich (siehe 3.1.) Ursprünglich ins Leben gerufen um die Schwankungen des Marktes zu regulieren und eine stabile Weltwirtschaft zu gewährleisten, schwört der Fonds jetzt auf die Überlegenheit des freien Marktes.

Diese kapitalistischen Vorstellungen spiegeln sich auch im vierten Punkt, den Globalisierungsmaßnahmen wieder. Die Begriffswahl scheint hier etwas irreführend zu sein; Gemeint ist, dass der durch die Deregulierung entstandene freie Markt nun auch über die Landesgrenzen hinaus, weltweit geöffnet wird. Damit einher geht die Senkung von Ein- und Ausfuhrzollen sowie die Abschaffung von Schutzzöllen. Dadurch sollen große ausländische Investoren angelockt werden, die neben Kapital auch Wissen und Technologie mit ins Land bringen und so den inländischen Wettbewerb und schließlich den Export wieder ankurbeln (MURRAY 2006: 286). Zu diesem Zweck wird das Kreditnehmerland zusätzlich oft dazu gedrängt seine Währung abzuwerten (MURRAY 2006: 286).

Alle vier behandelten Maßnahmen; Einsparung, Privatisierung, Deregulierung (Minimalstaatprinzip) und Globalisierung bilden Zusammen den Grundstein der Strukturanpassungsprogramme des IWF. Sie sind selten in solch pauschaler Form in den Kreditauflagen zu finden, doch bilden sie die ideologische Grundlage der neoliberalen Kreditpolitik des IWF.

4. Der IWF in der Kritik

4.1.Auswirkungen von SAPs auf die Programmländer

Nach einer eingehenden Analyse der Agenda des Fonds stellt sich nun die Frage ob die Inhalte der SAPs und die neoliberale Politik auch wirklich die gewünschten Zielvorstellungen von wirtschaftlicher Stabilität und Armutsbekämpfung unterstützen, und falls nicht, welchen

Motiven folgen sie dann? Wie wirken sich beispielsweise die vorgeschlagenen Kürzungen im Bildungs- und Gesundheitssektor auf ein ohnehin schon von Armut geplagtes Entwicklungsland aus?

Im Fall der Philippinen führten dir Sparmaßnehmen zu einem Zusammenbruch des staatlichen Gesundheitswesens. Zuschüsse und Subventionen mussten gestrichen werden und dringend benötigtes Krankenhauspersonal wurde entlassen, mit dem Ergebnis, dass nur noch ein Bruchteil der Bedürftigen behandelt werden konnte. Die Versorgung der im Verlauf des SAP privatisierten Gesundheitseinrichtungen auf der anderen Seite war zwar gewährleistet, doch auf Grund ihrer Profitorientierung und der begünstigten Stellung trieben sie die Preise für private Gesundheitsversorgung derart in die Höhe, dass lediglich einkommensstarke Bürger davon profitierten (OPITZ 2007). Auf ähnliche Weise haben Pharmaunterhemen ihre Monopolstellung in Uganda etabliert, „indem sie ihre Wirkstoffe durch umfassenden Patentschutz gegen billigere Nachahmerpräparate abschirmten" (STIEGLITZ 2002: 22). Als Resultat konnten viele Bedürftige die hohen Preise für dringend benötigte Medikamente schlicht nicht mehr bezahlen. Joseph Stieglitz, der ehemalige Chefökonom der Weltbank spricht in diesem Zusammenhang von einem Todesurteil für viele Privatpersonen in Entwicklungsländern. Ähnliche Folgen hatten die Privatisierungsmaßnahmen in Bolivien, wo die staatliche Wasserversorgung an eine Tochterfirma des US Baugiganten Bechtel übertragen wurde. Auch hier führte die Monopolstellung zu einem sprunghaften Anstieg der Wasserpreise, was besonders für die einkommensschwächeren Teile der Bevölkerung verheerend war (OPITZ 2007). Auch die negativen Auswirkungen der Deregulierung betreffen hauptsächlich die unteren Einkommensschichten. Der Wandel hin zu einem freien Markt geht immer einher mit einer Verringerung der staatlichen Regulierungsfunktion. Folglich machen die Deregulierungsmaßnahmen es nicht mehr zur Aufgabe des Staates schwächere Wettbewerber zu schützen. Lokale klein- und mittelständische Unternehmer sehen sich plötzlich in direkter Konkurrenz zu weit größeren Konzernen und durch die Öffnung des Marktes auf internationaler Ebene sehen sie sich sogar in Konkurrenz zu weltweitagierenden TNCs. Diese Wettbewerbssituation hat zur Folge, dass viele lokale Unternehmen in allen Wirtschaftssektoren zur Aufgabe gezwungen werden. Die Liberalisierung der Wirtschaft geht also einher mit einer Dominanz des Marktes durch global agierende Unternehmen, die laut IWF profitabler arbeiten. Von diesem Profit kann der Staat wiederum durch erhöhte Steuereinnahmen profitieren. Durch die mit der Deregulierung einhergehenden Steuersenkungen jedoch kommt dem Staat nur ein geringer Teil des so erwirtschafteten Gewinns zu gute. Folglich zieht der Staat nur einen geringen finanziellen Vorteil aus der

Erhöhung des Kapitalertrages des Marktes. Die Auswirkungen der Deregulierung auf die Konjunktur sind von ähnlichem Scheinerfolg. Als direkte Folge der globalen Öffnung werden zunächst einmal die Exporte erhöht und die Importe drastisch reduziert, was kurzfristig zu einer positiven Handelsbilanz führt. Durch die Verringerung der Importe fehlt es der Wirtschaft wiederum schnell an notwendigen Produktions- und Investitionsgütern. Das führt letztendlich zu Mangel an Nachschub bei Produktion und Investition was rasch zu einem Wachstumsrückgang führt (MURRAY 2006: 331).

4.2. Die Ideologische Krise des IWF

Die Folgen dieser vier Maßnahmen (Einsparung, Privatisierung, Deregulierung, Globalisierung) und damit die Auswirkungen der in den SAPs geforderten Auflagen sind offensichtlich. Die Strukturanpassung wird auf dem Rücken der Bevölkerung des Programmlandes ausgetragen. Außerdem wird oft kritisiert, dass die diktierten Auflagen eine immense Einmischung in die Politik des Programmlandes darstellen, wodurch der IWF großen Einfluss auf dessen Politik, Wirtschaft und Gesellschaft ausübt (MURRAY 2006: 325). Diese Machtposition ist besonders dann bedenklich, wenn die vom IWF konzipierten SPAs von so zweifelhaftem Erfolg sind. Alle Länder, die sich den Auflagen beugten und ein SAP durchführten, hatten ausnahmslos einen Anstieg der Armut, der Arbeitslosigkeit und der Beschäftigung im informellen Sektor sowie eine Polarisierung der Einkommensstruktur zu verzeichnen (MURRAY 2006: 286). Der Fonds erklärt diese Auswirkungen zu kurzfristigen Entbehrungen, die nötig sind um die strukturellen Probleme eines Landes zu beheben und ein langfristiges Wachstum zu garantieren. Die vom IWF diktierte Restriktionspolitik zeigt folglich erst nach einer gewissen Verzögerung Wirkung, in der Zwischenzeit jedoch werden „breite Bevölkerungskreise schmerzlich getroffen" (MURRAY 2006: 327). Berücksichtigt man diese Ansicht, so wird in der Zielsetzung des IWF eine klare Hierarchie erkennbar. Offensichtlich wird das Ziel der Armutsbekämpfung seit der neoliberalen Wende zu Gunsten der Sicherung der weltweiten wirtschaftlichen Stabilität eklatant vernachlässigt. Die in 3.1. beschriebene Kausalkette wonach eine stabile Weltwirtschaft automatisch zur Reduzierung der Armut beiträgt ist folglich nur teilweise zutreffend. Armutsreduzierung ist eine hinreichende, aber nicht immer notwendige Folge globaler Stabilität in der Agenda des Fonds. Zusammenfassend kann man also feststellen, dass die neoliberale Politik des IWF zunächst einmal das Kapital in den Mittelpunkt der Betrachtung stellt, das macht es Armen und einkommensschwachen Teilen der Bevölkerung schwer sich in diesem System zu behaupten (MURRAY 2006: 286). Denn in der großen Freiheit zählt letztlich nur das Recht des Stärkeren.

4.3. Organisation des IWF

Um den Grund für den ideologischen Wandel des Fonds und der Auflagenpolitik zu begreifen muss man die Zusammensetzung und Funktionsweise des IWFs und anderer IGOs verstehen. Es stellt sich die Frage, nach den treibenden Kräften hinter dem Fond. Wer hat Einfluss auf dessen Politik; wer trifft die Entscheidungen im Hintergrund und warum? (STIEGLITZ 2002: 33) Im Grunde lassen sich diese Fragen in einem Satz beantworten. Der IWF wird von seinen Geldgeber kontrolliert. Wie jede zwischenstaatliche Organisation wird der IWF durch Beiträge und Kredite seiner Mitgliedsstaaten finanziert. Die eingesetzte Kapitalmenge legt dabei das Stimmrecht fest. Folglich haben die kapitalintensiven Industriestaaten den größten Einfluss auf die Politik des Fonds. Entwicklungsländer dagegen sind eher Kapitalnehmer als Geber und daher im Stimmrecht unterrepräsentiert. Zwar ist der IWF maßgeblich in Entwicklungsländern aktiv, am Entscheidungsprozess sind sie nur am Rande beteiligt. Im Grunde Walten und Entscheiden im IWF Industrienationen über Entwicklungsländer. Neben den Vereinigten Staaten, die auf Grund ihrer Kapitalbeteiligung eine Sperrminorität für sich beanspruchen können und deshalb Vetoberechtigt sind, sind Deutschland und Japan die einflussreichsten Mitglieder im IWF. Die eigentliche Führung liegt also bei den Wirtschafts- und Finanzministern der Geldgeberländer und den Interessen der dortigen Handels- und Finanzwelt (STIEGLITZ 2002: 33). Diese sind beispielsweise daran interessiert kostengünstig Rohstoffe in bestimmten Entwicklungsländern abzuschöpfen, was ein Grund wäre die Deregulierung und die Öffnung des Marktes durch die SAPs vorantreiben. Für die Bevölkerung der Programmländer gleicht die Politik des IWF einer „taxation without representation" Politik (STIEGLITZ 2002: 34). Alles, was sie vom IWF erleben sind Kürzung im Gesundheits- und Bildungssektor sowie einem Preisanstieg bei Lebensmitteln, Medikamenten, Strom und Wasser. Viele Menschen in den Schuldnerländern machen den IWF deshalb direkt für den Tot ihrer Mitmenschen verantwortlich. Die treibenden Kräfte hinter dem Fonds dagegen bleiben meist verborgen. Doch neben den Industrieländern fungieren oft auch private Banken oder TNCs als Kapitalgeber. Zwangsweise fließen also auch deren Interessen mit in die Politik des Fonds ein.

Aus diesem Grund ist Transparenz bei den Entscheidungsprozessen innerhalb des IWF nur schwer zu erreichen. Ebenso schwer ist es eine weitere ideologische Wende zu bewirken und den IWF wieder auf einen sozial verträglicheren und weniger kapitalzentrierten Grundkurs zu manövrieren.

4.4. Reformbedürfnisse

Nichts desto trotz ist dieser Prozess bereits im Gange. Viele Fehler wurden eingesehen und der Reformdruck der neunziger Jahre hat bereits zu Veränderungen in der Agenda des IWF geführt. Grundsätzlich beschränkt sich der Fond aktuell auf seine Kernkompetenzen. Im Bezug auf die SAPs bedeutet das einen Verringerung der Auflagen sowie eine Beschränkung auf den finanziellen und fiskalischen Bereich (DEUTSCHER BUNDESTAG 2002: 104). Dadurch wird sichergestellt, dass der Einfluss des Fonds auf das politische und wirtschaftliche Geschehen des Programmlandes in einem angemessenen Rahmen bleibt. Zusätzlich wird der Finanzierungsumfang verringert und die bis dato vom IWF betriebene Entwicklungshilfe reduziert. Dadurch wiederum wird gewährleistet, dass der IWF in seiner Rolle als Kreditgeber ausschließlich „monetären Charakter bewahrt und die Entwicklungsfinanzierung anderen Stellen überlässt" (ERMRICH 2007: 336). Zusätzlich soll eine Evaluierungsabteilung eingerichtet werden, die die Aktivitäten und Entscheidungsprozesse innerhalb des IWF überwacht. Die Einführung einer Informationspflicht soll außerdem sicherstellen, dass ein gewisses Maß an Transparenz gewährleistet wird (MURRAY 2006: 322). Dies gilt nicht nur für den Informationsfluss von innen nach außen, sondern vor allem von außen nach innen. Folglich wird nicht nur die Einsicht hinter die verschlossenen Türen des Fonds gewährleistet, zusätzlich wird es den IWF-Mitarbeitern ermöglicht, Experten von außen miteinzubeziehen. Neben der Überwachungsfunktion muss außerdem die Frühwarnfunktion des IWF ausgebaut werden. Die Warnung und Bewältigung von und vor Finanzkrisen und die Sicherung der Währungsstabilität wurde in vielerlei Hinsicht vernachlässigt. Auch diese Ausarbeitung hat sich hauptsächlich mit der Unterstützungsfunkten des IWF und demnach mit der Kreditvergabe beschäftigt, wie Anfangs beschrieben ist der IWF aber in erster Linie zur Wahrung der finanziellen Stabilität und der Verhütung von Weltwirtschaftskrisen eingesetzt worden. Folglich gilt es die Prioritäten des Fonds neu zu definieren um seine Identität als Stabilisator und Kreditgeber zu festigen.

5. IGOs, die Weichen der Globalisierung

Nach diesen detaillierten Ausführungen über dem internationalen Währungsfonds ist an dieser Stelle ein Blick zurück auf die allgemeinen Ausführungen zu den IGOs angebracht (siehe 2.). Es stellt sich die Frage, nach der Einordnung und des IWF in das System der zwischenstaatlichen Organisationen. Inwiefern kann dieser IGOs im Allgemeinen repräsentieren? Schon vor Beginn der Analyse des IWFs wurde festgestellt, dass IGO sowohl in ihrer Zusammensetzung als auch ihrer Zielvorstellung und den Betätigungsfeldern stark differenzieren. Es wurde festgestellt, dass IGOs die Säulen der globalen Stabilität bilden, wobei unterschiedliche IGOs mit unterschiedlichen Säulen/Betätigungsfeldern betraut sind. Im Falle des IWF ist diese Säule die Sicherung der globalen, finanziellen Stabilität. Dieser Umstand macht es schwer den IWF mit anderen IGOs wie der UNO (Stabilisierung des Weltfriedens) oder der WHO (Stabilisierung der Gesundheitsversorgung) zu vergleichen, da diese in anderen Betätigungsfeldern, anderen Säulen arbeiten. Dennoch wurde der IWF in dieser Ausarbeitung bearbeitet um eine der Säulen näher zu analysieren, eine exemplarische Übertragbarkeit auf die anderen Säulen der globalen Stabilität bleibt aber ausgeschlossen.

In einem Aspekt jedoch kann der IWF durchaus als ideales Beispiel für alle zwischenstaatlichen Organisationen dienen. Die Kritik des IWF (siehe 4.) hat deutlich gezeigt welche Machtposition der Fonds gegenüber seinen Schuldnerländern einnehmen kann und welchen Einfluss er damit auf die Weltwirtschaft ausübt. Diese außerordentliche Machtposition ist neben dem IWF auch anderen IGOs gegeben. Begründet liegt diese Machtposition in der in Kapital 2 beschriebenen Mischung aus der regierenden Gewalt der Nationalstaaten einerseits und der globalen Flexibilität von TNCs andererseits. Diese Essenz macht IGOs zu einflussreicheren Größen im globalen Geschehen als Nationalstaaten, NGOs oder TNCs. Sie haben den größten Einfluss auf das unscharfe und schwer zu kontrollierende System Globalisierung. Das macht sie zu den einzigen Akteuren, die in größerem Umfang lenkend in globale Prozesse eingreifen können, weshalb sie als die wichtigsten Akteure der Globalisierung bezeichnet werden können.

6. Literaturverzeichnis

CORNELIUS, PETER. (1987): *Das Prinzip der Konditionalität bei Krediten des internationalen Währungsfonds.* München: UTZ. 377 pp.

DREHER, AXEL. (2003): *Die Kreditvergabe von IWF und Weltbank. Ursachen und Wirkungen aus Politisch-Ökonomischer Sicht.* Berlin: Wissenschaftlicher Verlag Berlin, 205 pp.

DEUTSCHER BUNDESTAG. (2002): *Schlussbericht der Enquete-Kommission Globalisierung der Weltwirtschaft.* Opladen: Leske, 620.

ERMRICH, CHRISTINE. (2007): *Die Zahlungsunfähigkeit von Staaten. Ein Problem der Staatenverantwortlichkeit und des Entwicklungsvölkerrechts sowie der Kontrollmechanismen des IWF.* Hamburg: Verlag Dr. Kovac, 440 pp.

MURRAY, WARWICK E. (2007): *Geographies of Globalization.* London: Routledge, 392 pp.

OPITZ FLORIAN. (2007): *Der Große Ausverkauf.* Berlin: Majestic Filmverleih, 94 min. Filmmedium

ROBERTS, SUSAN M. (2002): Global Regulation and Trans-State Organization. – In: R.J. JOHNSTON, PETER J. TAYLOR & MICHAEL J. WATTS: *Geographies of Global Change. Remapping the World.* 2. Aufl., Malden, MA: Blackwell: p. 143 – 157.

STIGLITZ, JOSEPH. (2004): *Die Schatten der Globalisierung.* München: Goldmann, 352 pp.

TAYLOR, PETER J., MICHAEL J. WATTS & R. J. JOHNSTON. (2002): Geography/Globalization. – In: R.J. JOHNSTON, PETER J. TAYLOR & MICHAEL J. WATTS: *Geographies of Global Change. Remapping the World.* 2. Aufl., Malden, MA: Blackwell: p. 1 – 17.